孩子你相信吗
？
不可思议的自然科学书

吞噬鲸鱼的
怪 物

〔韩〕刘多贞/文　〔韩〕李广益/图　章科佳 邹长澎/译

CNS | 湖南少年儿童出版社 · 长沙
HUNAN JUVENILE & CHILDREN'S PUBLISHING HOUSE

2016 年冬天，
人们在德国的海岸边发现一头死亡的抹香鲸，
人们都过来看这个庞然大物，同时也非常好奇：
它到底是怎么死的？

3

为了弄明白鲸鱼具体的死因，科学家们对其进行了解剖。

　　天哪，鲸鱼肚子里的东西让科学家们都震惊了。

　　抓鱼的渔网，大大小小的塑料袋，汽车轮胎，塑料碎片……

　　各种垃圾都混合在一起。

6

可是鲸鱼为什么吃垃圾呢？

鲸鱼在宽广的大海中四处游动，
漂浮在海面的塑料袋被鲸鱼误认为是水母吃掉了，
塑料玩具被鲸鱼误认为是鱼儿吃掉了。
"那边有个好吃的呢，吃了好有力气！"
然而这些垃圾并没有给鲸鱼带来力气，反而让它生
活在痛苦中，直至死亡。
遗憾的是，因误食海洋垃圾而死亡的鲸鱼数量每年
都在增加。

谁在往大海里扔垃圾呢？

捕鱼的渔民把破烂的渔网扔进大海。

钓鱼的人也会把鱼钩和鱼线扔进大海。

货船上的货物掉到海里，也会成为垃圾。

"我没有往海里丢垃圾呀，和我没关系。"
很多人会这么认为。
但事实并非如此。
我们无心丢掉的垃圾会去哪里呢？

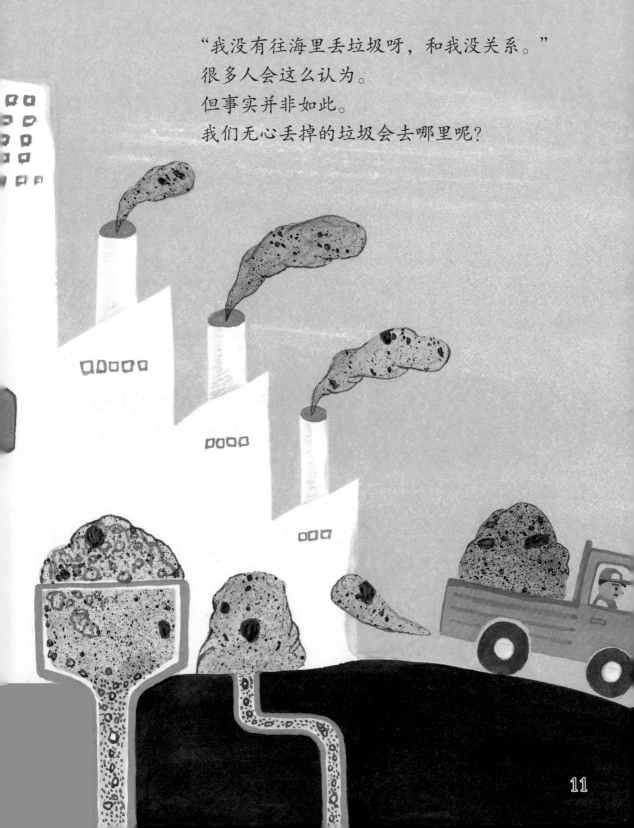

下雨后，垃圾会被雨水冲刷进入下水道，
从下水道进入沟渠，
接着从沟渠进入河流，
再从河流汇入大海。
所以无论你是在山上、河流还是路上丢掉的垃圾，
最后都会变成海洋垃圾。

13

还有这样的事情。

工厂为了省下治理重污染废水的费用，而偷偷地将废水排入大海。

不要吃惊，还有国家向海洋倾倒对生物造成重大威胁的核废弃物呢。

14

向海洋倾倒核废弃物
距离美国旧金山 50 千米远的海面上，从 1946 年到 1970 年倾倒的核废弃物超过 47 000 桶。结果，旧金山近海的海参所含的放射性物质要比其他地方的海参高出 277 倍。继美国开始往海洋倾倒核废弃物后，英国、新西兰、日本、法国、德国、瑞士等国也如法炮制。

海洋中究竟有多少垃圾呢?

以前，大自然通过自洁能力自行解决，海洋中并没有垃圾。

但是随着时间的流逝，人们为了更便利的生活，制造出很多各种各样的产品。海洋中的垃圾也随之开始增多。

因为人们使用的所有东西都可能成为海洋垃圾。

人类一年排入海洋的垃圾超过 1000 万吨，其中最多的就是塑料制品。

用塑料制成的筷子、玩偶、水瓶、瓶盖、塑料袋、积木等等，多得不胜枚举。

海洋垃圾 1000万吨

海洋垃圾的组成

香烟、烟头 18%

其他 29.4%

各种袋子 8.6%

饮料瓶（玻璃）6.1%

浮漂物 6.1%

各种瓶盖 6.1%

绳索 7.7%

其他包装容器 4.5%

饮料罐 4.9%

饮料瓶（塑料）8.6%

17

垃圾进入大海后会怎样呢？

重的会沉入海底，但大部分还是会漂浮在海面。

不过，你知道吗？因为洋流的关系，海水会沿着固定的线路不停地流动！

所以海洋垃圾会随着洋流游走，
聚集形成巨大的垃圾岛。

海洋中的垃圾变多之后，会发生什么呢？

"被绳索套住了，好难受！"

"明明没吃什么，怎么就饱了呢？"

"谁帮我把脚上的鱼钩拔掉呀？"

"帮我把身上的网拿掉吧。"

人们丢弃的垃圾使海洋动物陷入了深深的痛苦之中。

抹香鲸之死最终也是人类造成的。

21

温度上升

海面被垃圾覆盖后，珊瑚礁会逐渐荒废。

这样下去的话，我们就很难再见到热带海洋中绚丽的珊瑚了。

珊瑚都死掉的话，会发生什么呢？

地球的温度会比现在还要高。

地球温度上升，台风、干旱、洪水等自然灾害会更加频繁。

另外，极地的冰川会融化，导致海平面上升。

这样，位于海面中央的图瓦卢、马尔代夫、斐济、基里巴斯等岛国就会被大海淹没。

现在这些地方就已经在慢慢被大海淹没了。

生活在那里的所有动植物又会怎么样呢？

24

更大的问题是鱼类生活在被污染的海水中，有害物质就会在它们体内富集。

海水中的微塑料肉眼都很难看见，无论用什么工具也捞不上来。

食物链的最顶端就是我们人类

富集量

人类
蓝鳍金枪鱼
沙丁鱼，竹荚鱼
玉筋鱼，鳀鱼
浮游动物
浮游植物
污染的海水

鱼类吃了这些微塑料，
然后上了我们的餐桌。
我们吃鱼后，这些有毒物
质就在体内富集。
最后我们也成了受害者。

海洋垃圾不能清理吗？

可以请潜水员把它们捡起来吗？

可以用网罩住打捞起来吗？

可以拖着一张巨大的网，把垃圾拉上来吗？

被丢弃的垃圾越来越多，

再这样下去的话，我们可能再也看不到会喷水的鲸鱼、

寿命比人还长的海龟，以及在海面上翱翔的海鸟了。

29

　　为了保护海洋生物，我们
要减少塑料的使用，捡起海岸
边散落的垃圾。

　　在海岸边立上告示牌也是
一个不错的方法。

　　社会上也做了很多努力，
还开发了大麦和小麦制成的包
装材料，这样海洋生物即便误
食也不会死亡。

罐装啤酒的捆扎材料用大麦制成，就会自行分解了呢。

人们还设置了用于存放海洋垃圾的垃圾桶。

在垃圾聚集的地方，撒下巨大的网将其打捞上来。

这些坚持不懈的努力可以让海洋保持干净。

这样海洋才能守护众多的生命。

不要随地丢垃圾。
不然，
信天翁、海龟、海豚
你都看不到了。

大海里有体形庞大的抹香鲸，还有海龟、海狮、鲨鱼、鳐鱼、鲅鱼、金枪鱼、海豚……

让我们一起来守护众多的海洋生物，让它们自由自在地幸福生活。

严禁非法倾倒海洋垃圾的伦敦公约

为防止海洋污染而制定的国际公约，在确保对海洋环境造成最小影响的处理基准内，允许向海洋排放垃圾，并持续监控垃圾排放海域。加入该公约的国家有英国、丹麦、德国、西班牙、加拿大、法国、日本、中国、韩国、澳大利亚等国家。

越小越危险的微塑料

洗面奶、牙膏等产品中均含有一种叫作微塑料的物质，它的直径小于 5 毫米，很难从大海中打捞上来。蓝鳍金枪鱼、剑鱼、牡蛎等动物会将它当作食物吞食，导致自身发育不良，甚至生病。另外，微塑料漂浮在海面，很容易吸附各种有害化学物质，最终导致吃海产品的人类体内各种有毒物质富集。

34

用海洋垃圾制作艺术品

　　有些艺术家去海边捡垃圾，用来制作艺术品。这些艺术品外形多种多样，有动物、玩具等，其中也传递出艺术家们的心声，希望大家多关注受污染的海洋，尽快制订措施来保护海洋。

《塑料静物》

　　作品既表现了常见垃圾的问题，又展现了其中蕴含的美。作品通过一种看旧时代的静物一般的表现手法，来强烈地诉说对糟糕的现代环境感到苦闷的情绪。

《五菜一汤》

　　作品的寓意是被卷到海岸边的微塑料等垃圾最终还是上了我们的餐桌。

《岁寒图》

　　用海边的垃圾和废弃的窗户展现出具有另类格调的画面。

废品艺术家金知焕从 2014 年开始，利用济州海边的海洋垃圾等从事艺术创作；2015 年开始从事升级再造艺术，体验环境教育等工作。

大海，我们可以守护你！

喜欢去大海边旅行吗？很多人都很喜欢。因为一看到广阔蔚蓝的大海，心情就会自然变好。

无论是为躲避海浪而四处乱跑，还是亲手推倒好不容易搭好的沙塔，又或者是在海水里肆意撒欢，心情真是美极了。

然而，如果大海里都是垃圾，又会怎么样呢？

人们都不会去大海边旅行了。

因为看到脏脏的海水，心情就会变差。

人们不去海边就行了，可是生活在大海里的生物呢？

"哇，这儿有好吃的！"

饥饿的鲸鱼把巨大的塑料袋误认为是大鱼而吞下。

　　"咦，这是啥呀？"

　　海龟看见塑料吸管很好奇，走近一看，结果把吸管插进了鼻孔。

　　"那边有好玩的耶。"

　　海豹经过有网的地方，结果被网缠住了脖子。

　　实际上这些事情经常发生。

　　每年都有超过10万只动物因海洋垃圾而丧生。

　　海洋垃圾日益增多的话，海龟、鲸鱼、鲨鱼、海豹等很多动物都会消失。

　　"这怎么行？我还想看到美丽的海洋生物呢。"

　　那么，请从现在开始不要往大海里丢任何东西。

　　这是守护海洋生物最好的方法。

　　大家能做到吧？

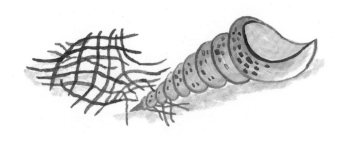

孩子你相信吗？
——不可思议的自然科学书
297.20 元/全 14 册

来自
太空的垃圾

小土龙
神秘失踪案件

是谁
吃掉了森林？

哭泣的
鳄鱼皮包

天上落下了
恐龙尿

是谁复活了森林？

将军岩的八字胡

来历不明的沉洞

离家出走的蜜蜂

可怕的光污染

会发电的足球

烦人的噪声，快停下！

吞噬鲸鱼的怪物

青苔，城市的守护者

图书在版编目（CIP）数据

吞噬鲸鱼的怪物 /（韩）刘多贞文；（韩）李广益图；章科佳，邹长澎译.—长沙：湖南少年儿童出版社，2023.5

（孩子你相信吗？：不可思议的自然科学书）

ISBN 978-7-5562-6833-7

Ⅰ.①吞… Ⅱ.①刘… ②李… ③章… ④邹… Ⅲ.①垃圾—少儿读物 Ⅳ.①X705-49

中国国家版本馆CIP数据核字（2023）第061205号

孩子你相信吗？——不可思议的自然科学书
HAIZI NI XIANGXIN MA? —— BUKE-SIYI DE ZIRAN KEXUE SHU

吞噬鲸鱼的怪物
TUNSHI JINGYU DE GUAIWU

总 策 划：周 霞	策划编辑：吴 蓓
责任编辑：钟小艳	营销编辑：罗钢军
排版设计：雅意文化	质量总监：阳 梅

出 版 人：刘星保

出版发行：湖南少年儿童出版社

地　　址：湖南省长沙市晚报大道 89 号（邮编：410016）

电　　话：0731-82196320

常年法律顾问：湖南崇民律师事务所　柳成柱律师

印　　刷：湖南立信彩印有限公司

开　　本：889 mm × 1194 mm　1/16　　　印　　张：2.5

版　　次：2023 年 5 月第 1 版　　　　　　印　　次：2023 年 5 月第 1 次印刷

书　　号：ISBN 978-7-5562-6833-7

定　　价：19.80 元